Stefanie Breitsameter

Eiszeiten und Reliefformen im Alpenvorland

Exkursionsbericht

GRIN Verlag

Bibliografische Information der Deutschen Nationalbibliothek:

Die Deutsche Bibliothek verzeichnet diese Publikation in der Deutschen National-
bibliografie; detaillierte bibliografische Daten sind im Internet über http://dnb.d-
nb.de/ abrufbar.

Impressum:

Copyright © 2011 GRIN Verlag GmbH
Druck und Bindung: Books on Demand GmbH, Norderstedt Germany
ISBN: 978-3-656-34063-8

Dieses Buch bei GRIN:

http://www.grin.com/de/e-book/206013/eiszeiten-und-reliefformen-im-alpenvorland

GRIN - Your knowledge has value

Der GRIN Verlag publiziert seit 1998 wissenschaftliche Arbeiten von Studenten, Hochschullehrern und anderen Akademikern als eBook und gedrucktes Buch. Die Verlagswebsite www.grin.com ist die ideale Plattform zur Veröffentlichung von Hausarbeiten, Abschlussarbeiten, wissenschaftlichen Aufsätzen, Dissertationen und Fachbüchern.

Besuchen Sie uns im Internet:

http://www.grin.com/

http://www.facebook.com/grincom

http://www.twitter.com/grin_com

Ludwig-Maximilians-Universität München
Department für Geographie
Wintersemester 2011/12

Exkursionsbericht: Eiszeiten und Reliefformen im Alpenvorland am 9.12.2011

Verfasserin: Stefanie Breitsameter, LA Gym,

INHALTSVERZEICHNIS

1. Überblick und Einleitung zur Exkursion

Die Exkursion fand am Freitag, den 9.12. 2011 statt. Als Treffpunkt wurde der Starnberger Bahnhof gewählt, von wo aus wir zu der ersten Station gingen. Ziel war das Kloster Andechs, wo die Exkursion beendet wurde. Insgesamt wurde eine Wegstrecke von 16 km zu Fuß zurückgelegt, welche die Stationen Maisinger Schlucht, Maising, Maisinger See, Aschering und einige Zwischenstationen beinhaltete. Die einzelnen Stopps während der Exkursion behandelten glazial-morphologische Landschaftsbilder, die mit Hilfe gezielter Fragestellungen der Dozentin und einer geologischen Karte analysiert und diskutiert wurden. Jede Station wies eine spezielle geomorphologische Form auf, welche durch Gletschereinwirkungen entstanden.

2. Glazialmorphologie an konkreten Beispielen

Alfred Penck prägte schon im Jahre 1882 den Begriff der Glazialen Serien, welcher zunächst auf das nördliche Alpenvorland galt, später dann auf das skandinavische Vereisungsgebiet bezogen wurde. Sein Werk „Die Alpen im Eiszeitalter" stellt noch heute die Grundlage für den glazialmorphologischen Forschungsbereich dar, vor allem in Bezug auf die vier Eiszeiten Günz, Mindel, Riss und Würm. Letztere war prägend für die in der Exkursion besprochenen Landschaftsbilder (www.goldenmap.com, 2011).

2.1 Analyse der Altmoränenlandschaft um den Starnberger See

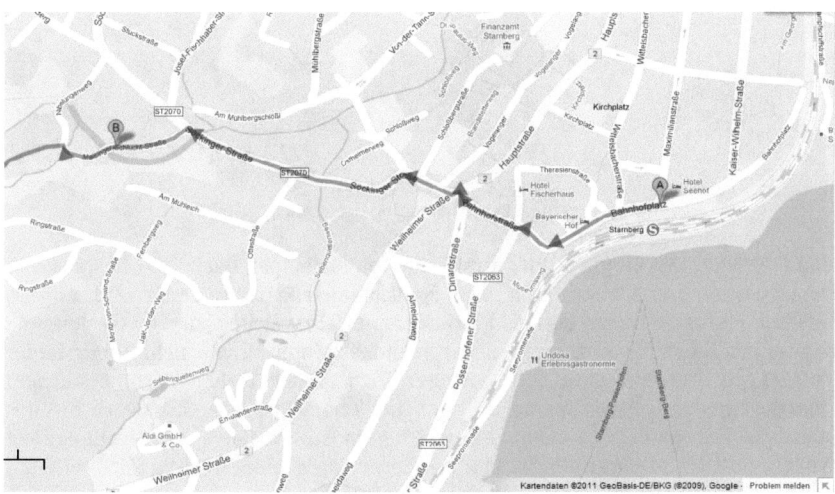

(Abb. 1: Erster Stopp; Jungmoräne)

3

Bei der Analyse des ersten Anhaltspunkts, der zwischen dem Treffpunkt und des Maisinger Bachs lag, handelte es sich um eine Jungmoränenlandschaft am Nord-Westufer des Starnberger Sees. Hier wurde festgestellt, dass der Starnberger See ein Zungenbeckensee ist, der durch die Schmelze des Vorlandgletschers, dem Isar-Loisach-Gletscher, entstand. Der See trug früher den Namen „Würmsee", da die Vergletscherung während der Würmeiszeit vor rund 2,6 Millionen Jahren statt gefunden hatte. Durch die Vergletscherung entstanden Eisloben, die zwischen der Ammersee-Lobe und der Kesselbergfurche unterschieden werden. Der Würmsee-Lobus, also der Bereich des Starnberger Sees, ist neben dem Tölzer Lobus und dem Wolfratshausener Lobus Teil der Kesselbergfurche.

Auf der geologischen Karte konnte man erkennen, dass die früheren Gletscherbereiche die heutigen Moränenzüge darstellen, welche allerdings nicht gleichgesetzt werden dürfen mit dem maximalen Eishöchststand des Gletschers.

2.2 Entstehung des Maisinger Bachs

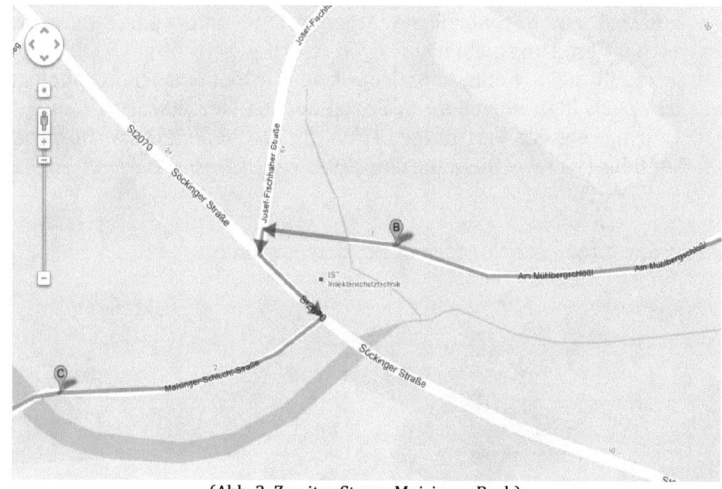

(Abb. 2: Zweiter Stopp; Maisinger Bach)

Beim zweiten Stopp wurde der Ursprung des Maisinger Bachs (B) besprochen. Dabei wurde zuerst festgestellt, dass zwei Materialien notwendig sind, um ein Gewässer entstehen zu lassen. Moränenmaterial, welches aus wasserleitende Sande und Kiese besteht, und wassestauendes Material, wie Lehm oder feiner Ton trugen dazu bei, dass der Maisinger Bach zwischen dem Tertiär und dem Quartär entstand. Molasseablagerungen im Tertiär ist das Stichwort für das stauende Feinmaterial des Flusses, welches in stillen Gewässern sedimentiert wurde. Auf der Molasseschicht, die an dieser Stelle eine Mächtigkeit von rund 5000 Metern aufweist, liegt Material des Quartärs.

Zusätzlich wurde unterschieden zwischen Faltenmolasse, welche bei der Orogenese der Alpen aufgefaltet wurde, und der ungestörten Molasse, die die Grenze der tektonischen Alpen am Beispiel Peißenberg darstellt.

2.3 Analyse und Entstehung der Maisinger Schlucht

Zunächst wurde der Begriff „Schlucht" genauer definiert. Diese Form entsteht durch Tiefenerosion, wodurch sich steile Wände bzw. Hänge entlang des Gewässers formen. Hier liegt eine Mischform von Tiefenerosion und zunehmender Hangdenudation vor, da das Material sehr widerstandsfähig ist. Es handelt sich hier um ein Konglomerat aus rundem und teilweise kantigem Gestein, was auf eine Moräne mit fluviativen Elementen hinweist. Stichwörter hierzu sind Diskordanz, das unregelmäßige Aufeinanderliegen von Gesteinsschichten, und Verwitterungshohlkehlen, die aufgrund der unterschiedlichen Schichtung des Gesteins durch Erosion entstehen.

(Abb. 3: Verwitterungshohlkehlen,eigene Aufnahme, 9.12.201) (Abb. 4: Konglomerat, eigene Aufnahme, 9.12.2011)

Die Maisinger Schlucht ist Teil des voralpinen Moränengürtels, welcher das Gegenstück zur Münchner Schotterebene darstellt. Daher ist es sehr günstig, Trinkwasser aus der Maisinger Schlucht zu gewinnen, da im Vergleich zur Schotterebene weniger bis keine Verunreinigung aufgrund der Gesteinsschichtung stattfindet.

2.4 Vorgeschichte und Zukunftsprognose zum Maisinger See

Der Maisinger Bach ist der Ursprung des gleichnamigen Sees. Er entstand wie der Starnberger See und der Ammersee in einem Gletscherzungenbecken und wurde um 1680 vom Kloster Dießen aufgestaut (www.maisingerseehof.de, 2011). Durch den Prozess der Verlandung, welcher durch Sedimentation von Schwebstoffen im Wasser aufgrund langsamer Fließgeschwindigkeit im See eingetreten ist, hat sich die Wasserfläche des Sees seitdem stark verringert. Der Maisinger See steht seit 1941 wegen seiner ökologischen Vielfalt unter Naturschutz.

Hier fielen die Begriffe Niedermoor und Hochmoor, die sich durch die Herkunft des Wassers unterscheiden. Als Niedermoor bezeichnet man verlandetes Gewässer, das den Ursprung im Grundwasser hat, wogegen das Hochmoor durch Niederschlagswasser und Oberflächenerhebung gekennzeichnet ist. Der See wird sich durch die Verlandung in absehbarer Zeit zu einem Niedermoor entwickeln, falls keine anthropogenen Eingriffe geschehen.

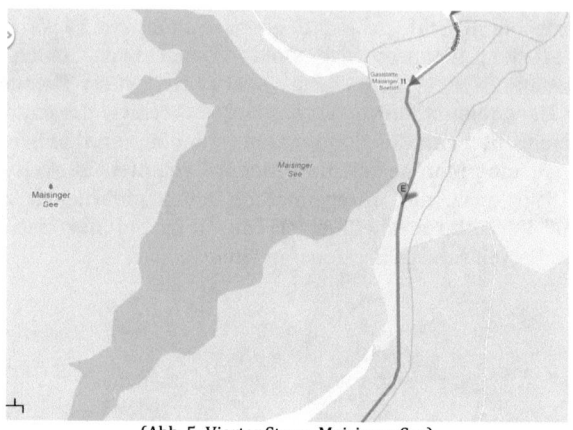

(Abb. 5: Vierter Stopp, Maisinger See)

2.5 Entstehung eines Toteislochs

Mit dem Auge eines Laien lässt sich ein Toteisloch schwer erkennen. Es ist von Vegetation bedeckt und fällt im Vorbeigehen nicht auf. Toteis ist die Bezeichnung für eine Eisfläche, die beim Rückzug des Gletschers abgetrennt wird und auf einer Stelle liegen bleibt (siehe Zeichnung A). Mitgebrachtes Gletschermaterial lagert sich um und später auch auf der Toteisstelle ab (B), wodurch beim Schmelzen des Eises eine Hohlform an dieser Stelle entsteht (C), die gegebenen Falls auch mit Süßwasser gefüllt sein kann. Die Hohlform kommt deshalb zustande, da das Material, das auf dem Eis sedimentiert wurde, beim Schmelzvorgang absackt und somit eine Senke bildet. Toteislöcher entstehen meist bei der letzten Eiszeit und können in verschiedenen Größen auftauchen. Ob das Loch mit Wasser gefüllt ist oder nicht, hängt von der Beschaffenheit des Untergrunds ab. Ist dieser lehmig, können sich Seen oder Moore bilden, bei wasserdurchlässigem Material versickert Niederschlagswasser und Loch bleibt trocken (Lenz/ Wiedersich, 1993).

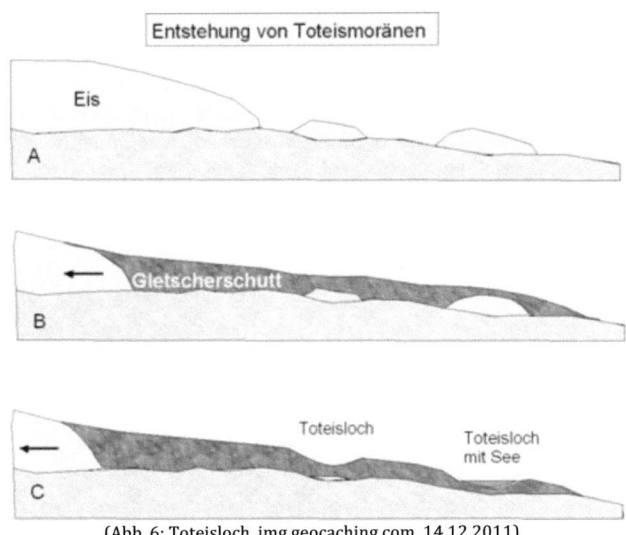

(Abb. 6: Toteisloch, img.geocaching.com, 14.12.2011)

2.6 Analyse der Kiesgrube

An dieser Stelle konnte man die unterschiedlichen Gesteinsschichtungen durch stattgefundene Ablation sehr gut erkennen. Die gerundeten Gesteinspartikel stellen Lockersediment dar, welches als Moräne nach der Vergletscherung übrig blieb. In diesem Zusammenhang wurde die ungeordnete Zusammensetzung von Gesteinsmaterial als ein typisches Merkmal für eine Moränenlandschaft genannt, welche sich aus Kiesen, Sanden und Feinmaterial zusammensetzt.

(Abb. 7: Moränenmaterial, eigene Aufnahme, 9.12.2011)

2.7 Unterscheidung zwischen Drumlin, Kame und Tumulus

Das unten abgebildete Kame ist eine fluvioglaziale Aufschüttungsform mit sehr steilen Hängen. Hier handelt es sich um einen Tumulus, eine Untergruppe der Kames, also um eine hügelartige Schmelzwasserform, die meist an Randmoränen vorzufinden ist. Durch Schmelzwässer lagert sich am Eisrand Gesteinsmaterial ab und bewirkt eine Form, die leicht mit einem Drumlin verwechselt wird.

(Abb. 8: Tumulus, eigene Aufnahme, 9.12.2011)

3. Fazit der besprochenen Inhalte

Die Exkursion trug dazu bei, dass am konkreten Beispiel vor Ort glazial-morphologische Formen und ihre Entstehung besprochen wurden. Dabei wurden Zusammenhänge zwischen Vergletscherung, Gestein und der heutigen Morphologie der Landschaft hergestellt, die man als solche bisher nur in der Theorie wahrgenommen hat.

Die teils neuen, teils bekannten Inhalte wurden durch das praktische Exempel besser verstanden und verinnerlicht und bilden eine gute Grundlage für weiterführende Veranstaltungen in diesem Themengebiet.

4. Quellen

Lenz, Ludwig; Wiedersich, Berthold: *Grundlagen der Geologie und Landschaftsformen.* Deutscher Verlag für Grundstoffindustrie. Leipzig. Stuttgart(1993).

Internetquellen:

www.maisingerseehof.de/info/der-maisinger-see (14.12.2011).

www.goldenmap.com/Albrecht_Penck (16.12.2011).

5. Abbildungsnachweis

Abb.3: img.geocaching.com/user/ebe3fcfd-1436-43ad-8424-d5597a14ac95.jpg (14.12.2011).